COURS

DE

PHRÉNOLOGIE

DE M. BROUSSAIS.

—

UN MOT SUR CE COURS,

PAR

Un Étudiant en Droit.

LYON.

IMPRIMERIE DE LOUIS PERRIN,
rue d'Amboise, N° 6.
1836.

COURS

DE PHRÉNOLOGIE,

DE M. BROUSSAIS.

Tous ceux qui s'intéressent aux progrès que font les connaissances positives, depuis que la méthode expérimentale a prévalu dans tous les ordres de science, se sont réjouis d'apprendre que M. Broussais allait exposer, dans un cours public, le fruit de ses recherches et de ses méditations sur la phrénologie.

La phrénologie repose sur une découverte intéressante; cette science, nouvelle encore, a donné par l'expérience la plus habilement faite, la démonstration d'une vérité qui avait été l'objet du pressentiment de presque tous les philosophes; ce sentiment avait même passé dans l'esprit de la multitude jusqu'à se faire place dans le langage commun : et certes ce n'est pas là son moindre titre à la certitude; toute langue contient le témoignage accumulé de toutes les générations qui ont assisté à sa formation : témoignage grave et d'autant plus précieux qu'il est naïf et impassible, comme les faits de la nature auxquels l'homme ne préside pas; et lorsque le sens commun cherchait à se faire jour par ces mots : *Une bonne tête*, ou *un homme sans cervelle*, il y avait là un beau phénomène à reconnaître; la phrénologie l'a fait.

Néanmoins, l'apparition inattendue , au milieu

du domaine des connaissances scientifiques, de cette vérité a été troublée par les ennemis les plus redoutables qu'une science puisse rencontrer à son avènement, nous voulons dire d'une part cette classe d'hommes instruits ou savants, qu'une saine défiance arme toujours contre les innovations en tout genre, et que leur amour même pour le vrai savoir tient constamment en garde contre la séduction des nouvelles théories ; scepticisme temporaire qui, chez eux, contraint toute nouvelle science à une espèce de quarantaine mentale pour lui donner le temps de se dépouiller des principes délétères qu'elle pourrait cacher sous les formes séduisantes de la nouveauté.

De l'autre part, cette classe d'hommes que l'incrédulité pour les causes premières rend si crédules pour les effets secondaires, et qui sans cesse aux aguets de tout ce qui peut contredire, en apparence, tout ce que la foi, la raison et l'imagination de l'homme tiennent pour certain, court au devant de toute science vraie ou fausse dans l'espoir d'y trouver un démenti formel à toutes les notions reçues ; et fût-ce même au risque d'y puiser une erreur destructive de la science et de la sagesse humaines, s'inocule en quelque façon ce virus scientifique pour en empoisonner le vulgaire.

Ainsi, pour en citer un exemple, lorsque Newton découvrit la grande loi du monde, il se douta qu'on ne manquerait pas d'en profiter pour nier la cause, et en effet les sceptiques s'écrièrent : *Qu'est-il besoin de Dieu pour expliquer le monde ? le mouvement d'impulsion n'est-il pas guidé par l'attraction ?* Mais qui maintenait ainsi l'attraction, qui maintenait le monde ? Comme l'avait prévu Newton, on fit la bévue de prendre l'attraction pour une entité.

La découverte de Gall a été la proie d'une absurdité pareille ; ayant remarqué une grande correspondance entre le développement des facultés de l'homme et le volume de la partie du système nerveux contenu dans le crâne, **Gall** fut amené à faire une multitude d'observations en tout sens qui lui prouvèrent de plus la relation qui existait entre les instincts, les facultés intellectuelles de l'homme et les différentes portions du cerveau.

Cette découverte consistait tout simplement à faire connaître quelle était la partie de notre organisation physique sur laquelle l'ame agissait d'abord, pour communiquer ses volontés aux muscles exécuteurs des mouvements qui servent à réaliser l'action qu'elle a pour but.

Or, le système nerveux étant établi pour communiquer le mouvement aux muscles, et le cerveau étant le point de départ des mouvements nerveux, il est évident que si la volonté désirait employer les organes, elle devait se conformer aux lois de l'être physique, créé pour son usage, et communiquer immédiatement avec le centre nerveux, c'est-à-dire le cerveau.

Mais l'ame ne se manifeste pas seulement, comme l'instinct des animaux, par des mouvements physiques; une partie de ses actes se résout en pensées, en sentiments, en désirs, qui précèdent même ordinairement ses actes extérieurs qu'on nomme plus particulièrement ses actions : ces pensées qui se composent de la connaissance des rapports des êtres, des lois qui les régissent, certes, n'ont point été prises dans le monde sensible qui n'est pour les organes physiques qu'un ensemble de phénomènes, dont la substance même ne se voit pas, et dont l'homme ignorerait l'existence, s'il n'en tenait l'idée de sa raison, qui est l'organe spirituel ouvert sur le monde intelligible des substances, des rapports, des causes et des lois, dont le monde que nous voyons de nos yeux physiques n'est qu'un témoignage.

Or, comment la pensée, qui est la vue spirituelle

6

des substances, des rapports, des causes et des lois
des êtres, pourrait-elle passer de la sphère intelligible dans le monde du fini et du phénoménal, si
ce n'est en prenant, au moyen de l'imagination et
du langage, une sorte d'incarnation qui la revêtant
des formes du fini et de l'apparence, la rende re-
cevable dans ce monde où le fini et le limité sont
une condition des idées claires et précises ? Telle
est la fonction du cerveau : organe de transmission
de la pensée, comme les muscles sont les organes
de transmission de la volonté, toutes les facultés
sont au service du moi, tantôt pour recueillir des
impressions, et lui en conserver le souvenir présent, tantôt pour lui prêter une image, prise dans
le monde sensible, qui lui rende possible l'usage
du langage qui n'est que l'ensemble des signes re-
présentatifs que l'imagination combine jusqu'à ce
qu'elle trouve une formule qui soit l'équivalent de
la pensée qu'elle cherche à manifester.

Il était donc tout naturel de rencontrer une coïncidence si frappante entre la nature du caractère,
le degré de l'intelligence et le plus ou moins de
volume des organes cérébraux ; suivant une loi
générale, constatée par l'expérience, les organes
ne se développent-ils pas en volume et en force
en raison directe de l'exercice normal ; or si le moi
a plus de propensions vers certains sentiments,
la force des passions fût-elle de quelque impor-
tance dans ses déterminations, comme cela peut
avoir lieu souvent, ou les calculs de l'intelligence
lui fournissant ses mobiles, si en un mot il se porte
constamment vers l'usage de telle ou telle faculté
de l'esprit, il est bien simple de concevoir comment les organes cérébraux qui correspondent à
ces instincts, à ces passions, ou à ces facultés pa-
raîtront plus fortement développés, puisqu'ils sont
l'objet d'un exercice continuel. Observons que ce
n'était point là une découverte de psychologie,

car on n'avait pas observé une seule faculté intellectuelle de plus, mais seulement une découverte physiologique, puisqu'elle déterminait l'organe matériel dont se servait l'intelligence pour se manifester dans le monde sensible.

C'est ainsi que l'ame laisse sur le cerveau des traces ineffaçables de son caractère, et que l'observateur prudent peut essayer quelque jugement en tenant compte d'ailleurs de l'influence d'autres éléments dont nous parlerons tout à l'heure.

Je demande si, le jour où on a découvert que les muscles étaient les organes conducteurs de la force, on en a conclu que les muscles étaient euxmêmes la force, d'après la coïncidence du volume des muscles avec le développement de la force? Eh bien! voilà ce qu'on a voulu soutenir par rapport aux organes cérébraux; de l'analogie entre les capacités de l'intelligence et les dispositions du cerveau, on en a conclu qu'il y avait identité; que le langage faisait un double emploi en consacrant deux mots pour exprimer un même objet, intelligence et cerveau, puisque l'intelligence n'était autre chose que le cerveau.

Mais la pensée n'est pas plus une propriété inhérente au cerveau que la force n'est une propriété inhérente aux muscles. Le muscle d'un vivant qui sort de soulever environ quatre-vingts livres, aussitôt après, s'il meurt, avant qu'aucune dégradation ait lieu, ne peut plus en suspendre que le tiers : il y a donc quelque force qui n'est pas le muscle lui-même, dont la disparition le réduit au tiers de sa valeur, et qu'il reprend lorsque la vitalité tient les muscles associés aux nerfs? N'en est-il pas de même pour le centre nerveux qui ne transmet la pensée que par son association avec le moi? Ainsi l'ignorance, qui n'est que l'état d'inertie du moi, se rencontre chez des habitants de la campagne doués du cerveau le plus merveilleusement développé; tandis que si le cerveau était l'intelligence, le cerveau de l'ignorant présenterait une lésion certaine, ou une dépression frappante.

N'en est-il pas de même de la folie qui se rencontre quelquefois avec un cerveau assez développé et sans lésion de l'organe? Il y a des cas où la folie peut être occasionée par une lésion du cerveau ; il est évident que le moi, dépouillé de l'organe de transmission et des images sensibles, ne peut arriver jusqu'à nous. Mais lorsque le cerveau n'est aucunement affecté, il faut donc admettre de toute nécessité un autre être avec lequel les rapports ont été interrompus. Le langage, qui exprime toujours l'opinion du bon sens général, est ici d'accord avec l'expérience, lorsqu'il donne le nom d'*aliéné* aux fous. Car la folie, lorsqu'elle n'est pas accompagnée d'idiotisme, ne prive foncièrement l'individu d'aucune de ses facultés; il lui reste la perception, l'imagination, même la mémoire, etc., mais ces facultés agissent sans lui, c'est-à-dire, sans être employées par sa volonté; il ne peut donc produire aucuns des actes intellectuels (tel que raisonnement suivi) dans lequel entre nécessairement l'action d'un moi actif employant et dirigeant. Il est livré aux caprices de ses facultés, et sujet à toutes les impressions que le monde extérieur peut produire sur elles. Voilà l'homme qui n'a que son cerveau, voilà l'homme sur lequel la phrénologie peut faire une expérimentation certaine; car il est évident que d'après l'absence de la volonté ou de l'organe-centre employant les différentes facultés, elles se trouvent tout à coup livrées à elles-mêmes, et celles qui sont plus développées ont une action plus forte et plus continuelle pour entraîner dans leur direction les vagues idées qui s'élèvent dans le cerveau d'un aliéné.

De sorte que tout phrénologiste qui nie l'existence du moi et l'action de la volonté sur le cerveau, en un mot, qui réduit l'humanité à n'avoir pour toute intelligence que les mouvements des organes cérébraux, suppose que toute l'humanité est dans l'état de folie et d'aliénation.

Aussi ne sont-ce point les phrénologistes convaincus qui ont avancé une pareille erreur; observateurs scrupuleux des faits, ils se seraient bien gardés de soutenir des hypothèses qui ne prouvent qu'une expérimentation superficielle, qui sont contraires à la raison du genre humain, et exposent la phrénologie à être bafouée par le bon sens le plus vulgaire.

Cette erreur, qui embarrassera longtemps la phrénologie, a été jetée par ces sceptiques dont nous parlions tout à l'heure; hommes qui ne cherchent que les contradictions de la pensée humaine et ne s'asseoient que sur les débris de la science.

Alors ils ont dit: Le cerveau, tel est le mobile premier de l'homme; c'est son intelligence, c'est la cause qui explique et ses actes intellectuels et ses volontés; c'est le cerveau qui est l'intelligence; c'est lui qui pense, qui veut et qui détermine l'action.

C'est ainsi qu'ils séparèrent l'homme de sa cause première, comme ils en avaient détaché le monde, et le cerveau fut à l'homme ce que l'attraction, d'après eux, était à la matière.

Les matérialistes *quand même* se sont alors empressés d'admettre aveuglément la phrénologie, parce qu'ils la regardaient comme la découverte d'un arsenal d'arguments contre toutes les vérités qui tiennent à l'ordre spirituel; ils étaient loin de s'attendre aux effets qu'elle a produits; car, en appelant l'anatomie sur le cerveau, des observations attentives ont découvert quelle était l'étendue et la limite de son action; ce qu'il expliquait et ce qu'il impliquait a extraordinairement mûri la question du matérialisme; de telle sorte que le temps n'est pas éloigné où la phrénologie donnera les preuves physiques de l'existence de l'ame, par la même voie et la même nécessité qui a conduit les sciences qui ont pour objet la matière à fournir les preuves physiques de l'existence de Dieu.

Néanmoins ces erreurs, en attaquant la phréno-logie dès son origine, se sont tellement incorporées aux idées de cette science, que les suppositions bizarres, les conséquences absurdes qu'on en a tirées, l'ont jetée dans le ridicule. On voit encore aujourd'hui tous ceux qui répugnent au matéria-lisme repousser cette science malgré les probabilités de certitude qu'ils y ont rencontrées, tant ce pré-jugé a de force : qu'admettre la phrénologie, c'est supposer la matérialité de l'ame. Et, certes, admet-tre la phrénologie telle que l'ont conçue ces mal-heureux apôtres, ainsi que quelques pauvres es-prits, c'était, en effet, prendre le cerveau pour l'ame immortelle.

La science étant ainsi embarrassée par des er-reurs dont on la ferait responsable, discréditée dans les esprits, placée entre deux exagérations ; le spiritualisme mal entendu qui veut la nier, le matérialisme niais qui la perdait, la phrénologie avait besoin, en quelque sorte, d'un second fon-dateur pour la reconstituer sur des bases réelles ; de sorte qu'en reconnaissant elle-même ses limites, elle ne s'expose plus à l'avenir aux prétentions qui l'ont mise en péril ; que la phrénologie, en un mot, sache quel est son objet ; pour ne point se confon-dre avec la psychologie, qui est la science des fa-cultés intellectuelles, tandis que l'objet de la phré-nologie est de déterminer quels sont les organes cérébraux qui correspondent à ces diverses facultés intellectuelles ; de constater leur développement respectif ; d'expliquer la relation du cerveau avec le reste du corps pour donner à comprendre comment la pensée passe de l'ordre intelligible dans l'ordre sensible, afin de s'y réaliser par l'action.

Ce sont ces raisons qui avaient fait concevoir de grandes espérances pour la phrénologie, lorsque M. Broussais annonça qu'il allait traiter cette science; et il était à croire qu'un esprit à qui l'on reconnaît de la pénétration et de la maturité, et que l'on devrait croire épuré par l'observation qui prend un caractère si assuré dans l'étude des sciences physiques, saurait ramener cette science à son point de départ et la séparer décidément de la psychologie, avec laquelle elle se brouille déjà trop facilement pour ceux qui n'ont pas eu encore assez le temps d'y réfléchir.

Nous nous sommes empressés de nous joindre au grand nombre qui se présentait pour suivre le cours annoncé; nous y venions donc pour assister à la réhabilitation d'une science qui soutient dans le monde de si graves erreurs: ce spectacle ne nous était pas réservé.

Mais, s'il est quelque chose de pénible, ce sont les mécomptes de l'admiration. Comment voir, sans en être affligé, un homme que toute sa vie, on a vu lutter avec plus ou moins de succès pour le triomphe de certaines vérités méconnues dans la science, lorsque l'âge vient encore déposer la couronne vénérable du respect sur un front blanchi par les veilles, s'oublier jusqu'à descendre à côté de ceux qui ramassent la boue, et les aider à en couvrir tout ce qu'il y a de généreux, de beau, de vénéré parmi les hommes ?

Ce qui a apparu bien évident à tout le monde, c'est qu'il y avait derrière la phrénologie d'autres idées, qui dans la parole du professeur cherchaient à se faire jour; et comment le nier, lorsqu'à tout instant il profitait de la moindre analogie pour avoir occasion de les faire éclater? Il ne s'est point passé une seule séance sans que plusieurs fois, le docteur Broussais, qui jusque-là paraissait ne s'occuper que des objets qui concernaient la science qu'il était censé expliquer, ne quittât tout-à-coup son fauteuil avec chaleur et redoublant la vigueur de sa voix, secondée par une gesticulation violente, ne trahît publiquement la secrète passion qui l'animait dans la manifestation des idées qu'il énonçait alors? En faut-il citer un exemple entre mille? ses paroles en diront plus que tout ce que nous pourrions exprimer du dégoût que nous y avons éprouvé. Il s'agissait de l'orgueil : « Si l'organe de « la ruse est, a-t-il dit, bien développé, et surtout « si celui de l'orgueil est dominant, alors vous « avez des hommes qui s'en vont *préchant le jeûne* « *et la mortification et l'humilité*, afin de pouvoir « mieux vous contraindre et vous dominer; cela « est sûr, allez ! jamais cela ne manque... etc. »

Certes ! lorsque le docteur prend soin lui-même de se poser d'une manière si ouverte, il est inutile de commenter longuement sur le but et la portée de semblables pensées. Ainsi, selon ce savant docteur, la phrénologie a déjà produit cette découverte : que les indices assurés de l'orgueil sont les prédications qui ont pour but d'enseigner et décider l'homme à surmonter l'orgueil par l'exemple et la pratique de la plus entière abnégation humaine. Mais ce qu'il importe de faire voir c'est que M. Broussais ne pensait rien moins qu'à faire un cours de phrénologie, et à répandre les idées phrénologiques, et la preuve en est dans la manière pâle dont il a parlé de tout ce qui ne lui paraissait pas pouvoir compromettre quelques vérités de morale ou de religion; et que cette affectation marquée, jointe aux nouvelles erreurs que M. Broussais a introduites dans le sein de la science n'a fait que la jeter plus avant dans l'embarras et dans le mépris, d'où il résulte clairement que la phrénologie n'a été qu'un prétexte pour attaquer la morale, la religion et même toute philosophie qui soutient la spiritualité de l'ame.

Nous soutenons qu'il est impossible à tout homme
qui veut conserver son esprit dans un état sain ,
de ne pas rejeter, sans autre examen, la phrénologie, s'il ne la connaît pas autrement que par ce
qui en a été dit dans ce cours; ainsi, une preuve
entre mille, M. Broussais a établi que d'après les
connaissances anatomiques que l'on avait du cerveau , il restait pour avéré que chaque faculté avait
son système de muscles correspondant, mais qu'il
n'y avait aucun organe-centre pour diriger l'emploi
de ces facultés , qui correspondît avec ce que les
psychologues appellent *le moi* [1], c'est-à-dire, le mo-
teur de tous les actes de l'intelligence, *la cause* des
volontés.

M. Ampère, dans ses dernières leçons au collége
de France, quelques jours avant sa mort, expliquait
encore les mêmes faits physiologiques, et concluait
que, puisque tous les organes du cerveau étaient
non seulement dans un état d'indépendance les
uns envers les autres; mais que ne se rattachant
même à aucun organe-centre qui déterminât leurs
actions en temps et lieu, dans l'ordre voulu pour
produire une pensée ou une action; que cependant
la pensée réfléchie ayant pour condition une multitude de phénomènes intellectuels, et l'action de
phénomènes volitifs, qui, s'ils ne se suivaient dans
l'ordre nécessaire interrompraient tout acte extérieur, en étouffant la pensée ou le désir dans son
germe; que par conséquent, la pensée ou l'action
étant une preuve de l'harmonie du système des

---

[1] Dans tout le cours de cette dissertation , nous conservons à ce mot la
signification que lui donne l'école allemande , bien que généralement dans
toutes nos dissertations , nous employions cette expression dans un sens
opposé, c'est-à-dire , relatif au sentiment humain. Ainsi , nous disons *le
moi* humain pour désigner l'homme dans ses rapports avec la matière ,
tandis que les psychologues entendent par *ce mot* , son être immatériel et
le spiritualisme de l'ame.

facultés de l'ame ; que l'harmonie supposant l'unité,
l'unité supposant un centre commun d'où tous les
mouvements doivent partir, il était de toute nécessité de reconnaître l'existence d'une cause éta-
blissant l'harmonie ; que cette cause ne tombant
pas sous l'observation des sens extérieurs, mais se
démontrant à l'intelligence humaine, comme toutes
les causes, qui ne se voient pas, par les effets qui
ne les manifestent que dans l'ordre sensible, était
ce qu'on appelle le *moi* ; que le moi n'étant pas un
organe matériel, puisqu'on donne le nom de spirituel par opposition à tout être qui n'a aucune des
propriétés de la matière, il s'ensuivait que le moi
n'étant pas matière, et ayant cependant son existence réelle, ne pouvait être que d'une substance
spirituelle.

Ainsi, le cerveau étant un ensemble de facultés
sans liaisons communes dont la pensée et l'action
supposent l'emploi harmonieux, la cause qui a tous
ces organes à sa diposition, et qui sait en faire un
usage si intelligent, ne peut être qu'une volonté
intelligente ; c'est ainsi qu'arrivé au sommet de
l'organisme il faut admettre nécessairement l'existence de l'ame pour comprendre tous les phénomènes qui ont été décrits par la science, de même
que lorsqu'on a remonté dans la nature l'échelle
des lois et des causes secondes, la raison nous
oblige, comme malgré nous, à reconnaître une
cause première, assez grande, assez intelligente
pour satisfaire l'idée que nous nous sommes formée
de ses attributs en étudiant son ouvrage.

M. Ampère, en indiquant cette preuve physique
de l'existence de l'ame, a fait preuve de raison ;
mais il y aurait donc une raison et une logique
différente à l'usage de M. Broussais.

Voici comment le docteur Broussais raisonne :
Selon lui, les organes étant tous indépendants,
n'étant rattachés à aucun organe commun, cet

organe n'existant pas physiologiquement dans le cerveau, toutes les facultés dites intellectuelles n'étant autre chose que des organes cérébraux, il en résulte que le moi, centre de volonté, régissant, les organes n'existent pas; « bref, que ces mots « *moi, volonté, Psychè, ame, feu follet* ne sont « qu'une abstraction réalisée, une entité, une chi- « mère, quelque chose d'immatériel qu'on ne « comprend pas, etc. »

Ce qui équivaut à dire : Il se trouve dans l'homme une multitude de phénomènes qui ne se manifes- tent que par l'action d'une cause intelligente ; nous voyons tous ces phénomènes, mais nous ne voyons pas immédiatement leur cause par le moyen des mêmes organes aidés du scalpel ; donc cette cause intelligente n'existe pas. En un mot, point d'effets sans cause ; or, voilà les effets, donc il n'y a point de cause. Avec une semblable logique on parvien- drait à nier même la matière, comme l'a fait Berkley. Les matérialistes qui se contentent de pareils argu- ments devraient bien se convaincre, une fois pour toutes, que l'idéalisme nie la matière précisément avec le même raisonnement, et partant du même principe avec lequel les matérialistes nient l'es- prit, ils comprendraient alors que les sens externes, pas plus que le sens intime, ne pouvant nous don- ner la certitude d'aucune substance, il faut néces- sairement, dans les deux cas, recourir à la raison qui nous force à admettre une réalité substantielle sous tout phénomène ; alors ils se tairaient pour qu'on ne fasse pas servir le même argument contre eux.

La théorie que M. Broussais propose de substi- tuer à celle du moi est bien plus claire selon lui. « Qu'est-ce que la pensée? C'est un mouvement « nerveux et pas autre chose. » Et puis vient le même commerce de mots que dans le livre de l'*Irritation-*

Folie : un mouvement nerveux et une *condensa-tion;* l'impression d'abord est une *condensation.* La perception qui la suit est une *condensation de condensation,* et ainsi de suite, en ajoutant toujours le mot de condensation une fois lorsqu'il y a un élément de plus dans la pensée. Vraiment les psychologistes se sont donné jusqu'à présent bien de la peine inutile pour expliquer l'organisme intellectuel. M. Broussais a trouvé un moyen bien plus simple d'en parler.

Après la négation de l'activité du moi, comment concevoir le phénomène de la perception ? Si l'impression a pour objet la nature et les organes des sens pour sujet, la perception a pour objet les impressions.

Mais comme la perception dépend de l'attention, d'une autre faculté qui n'est point dans les organes, nous sommes donc encore obligés d'en revenir au moi. Ici M. Broussais a bien senti la nécessité d'un agent autre que les organes pour expliquer la perception, mais comme il fallait en même temps nier le moi, ce qui devenait un peu plus difficile, M. Broussais a imaginé tout un petit système complet d'impression, de perception et d'attention adapté à chaque organe. M. Broussais, si habile à se moquer du paganisme, qui pour ne pas admettre l'unité de Dieu, a été forcé d'en admettre plein l'Olympe, imagine cependant en psychologie la même absurdité, puisque pour ne pas reconnaître un seul moi actif, percevant les impressions il est forcé d'en admettre plus de trente; en effet, la phrénologie reconnaît 37 organes, et M. Broussais leur a préparé dans son imagination à chacun un petit *moi.*

Ce que M. Broussais a surtout en horreur, ce sont les entités, c'est contre les entités qu'il combat avec ses meilleures armes; dans le temps,

M. Broussais est parvenu à détruire, en médecine, certains préjugés qui consistaient à prendre une maladie pour un être réel qui descendait au milieu de l'organisme; alors on combattait une chimère au lieu de vérifier les lésions des organes; de là M. Broussais a conclu que puisque les entités avaient été des sources d'erreur en médecine, la religion, la morale et la philosophie étaient aussi pleines d'entités, et qu'il fallait purger le monde de toutes les entités. Alors nouveau don Quichotte scientifique, il poursuit les entités dans le monde moral; le *moi*, *Psychè* ou *l'ame* n'ont pas trouvé grace devant lui; et même le *bon Dieu* des chrétiens est fort soupçonné d'entité. Il admet bien une *cause centrale*, mais ne lui parlez pas d'un être distinct séparé de la création, du fini et du temps, existant par lui-même et ne recevant sa substance et sa vie d'aucun autre être; mais le communiquant au contraire à toute chose créée, car alors cet être distinct ressemblant fort à une entité, M. Broussais ne pourrait peut-être plus se retenir. Aussi M. Broussais est-il fort avare d'entités; il n'en crée qu'à la dernière extrémité, lorsqu'il n'est plus possible de soutenir son système, comme par exemple, lorqu'il s'agit de donner à l'homme trente-sept *moi*.

Puisque nous venons de faire voir quelle sorte d'entités M. Broussais combat dans l'ordre moral, il faut que nous donnions encore un exemple de celles qu'il crée à son tour pour les remplacer; voici un monologue que nous avons retenu : « Par-« tout ce sont des gens qui vous disent que vous « n'avez de la conscience, de l'honneur et des « sentiments élevés que parce que vous avez en « vu les peines et les récompenses futures; ces « considérations n'ont jamais rien produit au con-« traire, puisqu'on voit presque tous les brigands « être poussés par des idées religieuses et fanati-

« ques; d'ailleurs n'est-ce pas vous faire une in-
« sulte grossière? Eh! monsieur, si je ne vous vole
« pas, c'est parce que j'ai de l'honneur, j'ai de la
« conscience, j'ai des sentiments élevés! — Mais
« votre conscience et votre honneur reposent sur
« l'Evangile? — Non, ils ne reposent pas sur l'E-
« vangile, ils reposent... *ils reposent sur mon cer-*
« *veau!!* »

Et maintenant, le cerveau, sur quoi repose-t-il?
J'aime autant l'explication que l'Indien donnait du
monde : « La terre repose sur un chameau. — Et
« le chameau? — Sur une tortue. » Il y a autant
de raison dans l'une que dans l'autre.

A l'avenir, il sera aussi facile d'apprécier les
actes de dévoûment, d'héroïsme, de reconnais-
sance, que les actes criminels; quand le juge de-
mandera compte à l'accusé de son crime, celui-ci
répondra : *Il repose sur mon cerveau.* Quand l'or-
phelin baisera les mains de son bienfaiteur, celui-
ci lui répondra : Que cela ne vous étonne pas; la
bienfaisance *repose sur mon cerveau;* d'une manière
ou d'une autre, d'après mon organisation, il faut
que je fasse du bien, pourquoi vous êtes-vous
trouvé là? Et une autre fois, si le bienfaiteur re-
proche à son pupile son ingratitude, celui-ci lui
répondra : Que mon ingratitude ne vous étonne
pas, *elle repose sur mon cerveau.*

Ainsi, comme on ne peut rien sur le cerveau,
que M. Broussais ne veut pas admettre l'activité
volontaire et libre qui peut seule le modifier, il en
résulterait que le crime étant fatalement attaché
à certains individus, on devrait, dans l'intérêt de
la société, avant que le crime ait été commis, sur-
prendre l'individu condamné par la phrénologie;
ce système préventif, qui atteindrait le crime jusque
dans le cerveau, et l'étoufferait avant qu'il soit
commis, remplacerait peut-être avantageusement
l'effet des dogmes catholiques sur le libre arbitre,

puisque, d'après M. Broussais, 1° le libre arbitre n'existe pas; 2° les dogmes catholiques font à l'humanité l'insulte de croire que sa conscience et son honneur ne reposent pas exclusivement sur son cerveau. Voire même pour le prix Monthyon, il semble qu'on agirait plus sûrement en la conférant, après l'examen général des cerveaux, à celui qui aurait l'organe de la bonté le plus développé. Voilà sans doute pourquoi M. Broussais nous a répété que la phrénologie était appelée à réformer la morale et l'ordre social [1]?

Maintenant que nous avons une idée de l'ensemble et de la portée de son système en général, donnons un exemple de la manière dont chaque organe était traité en détail.

L'homme composé d'un corps et d'une ame immortelle n'a pas été exilé dans ce monde sans emporter le souvenir de son origine, il était nécéssaire que l'homme retrouvât des traces auxquelles il reconnût sa nature divine, et qu'il portât en lui le fanal qui doit le conduire à ses fins éternelles; de là, l'idée de l'infini que les philosophes ont observée dans l'ame; cette idée de l'infini, besoin pressant de l'ame que l'homme cherche partout à satisfaire, et que les grands spectacles de la nature, la poésie sublime et la musique parviennent quelquefois à apaiser pour un moment; cette idée est aussi un des éléments de la raison humaine, car il lui est impossible de concevoir le changement sans avoir conçu l'immuable, de concevoir l'erreur, si ce n'est comme privation de la vérité, le néant si ce n'est comme privation de l'être; de concevoir

---

[1] M. Broussais avait bien raison de tant crier d'avance contre les *sarcasmes avec lesquels on répondrait à la phrénologie*; car, en effet, il n'est pas nécessaire d'y répondre autrement que par des sarcasmes; il faut que les absurdités aient une certaine ressemblance avec la vérité pour mériter les honneurs de la réfutation.

l'imparfait sans avoir conçu le parfait; en un mot, de concevoir les êtres finis qui ne sont que des diminutions de l'être sans avoir conçu l'être infini, qui est l'être réel et complet. Car ce qui est, est connu avant la diminution et la privation de quelques propriétés de l'être.

Malheureusement pour M. Broussais, c'est qu'il y a un organe cérébral qui correspond dans l'ame à la faculté d'admettre l'infini; qu'en faire? On ne peut pas le nier, mais on ne peut pas non plus admettre l'infini, et surtout l'introduire comme élément dans les facultés de l'homme sans renfermer le loup dans la bergerie; supposer qu'il y a en nous quelque chose d'infini, ce serait admettre quelque chose d'immortel, car ce qui est infini ne peut cesser; alors on serait obligé de reconnaître l'immortalité de l'ame.

Voilà comment on s'est tiré d'affaire : il n'y a point d'organe pour l'infini, mais il y a *un organe du merveilleux* (l'idée en est merveilleuse), qui consiste à aller toujours chercher au-delà de la nature l'objet de son action; ainsi pendant que toutes les facultés de l'esprit concourent pour reconnaître la nature des êtres et les rapports qu'il y a entre eux, l'organe du merveilleux cherche, au contraire, des rapports qui n'existent pas, et des combinaisos monstrueuses qui répugnent à toutes les lois, de sorte qu'il y aurait en nous certaines facultés pour le vrai et d'autres pour le faux. Aussi M. Broussais a-t-il appelé l'organe du merveilleux : *Le roi de l'ignorance*, mais il a oublié qu'il n'y avait pas dans l'homme un organe qui dans son état normal n'eût pour objet une fonction nécessaire à l'homme, ainsi le même organe qui dans son état normal produit l'estime que l'homme doit avoir de lui-même peut dégénérer en orgueil par son exagération, l'organe de la volonté dégénérer en entêtement, l'organe du courage dégénérer en cruauté, l'organe de la reproduction en organe pour la débauche, etc.; mais on voit que tout organe a un but indispensable et que ce n'est que par une fausse application, par suite de la perversité, que ces mêmes organes servent à conduire au mal ou à l'erreur.

Il fallait donc déterminer le but et l'usage normal de cette faculté, *dite du merveilleux*, avant d'en décrire les abus, car on ne pourrait pas supposer que la nature l'a placé là sans objet, ou plutôt afin de désorganiser l'action des facultés intellectuelles afin de rendre plus difficile la route de la vérité, mais alors la nature avait un moyen plus simple sans créer le merveilleux, c'était de diminuer la force des facultés intellectuelles.

M. Broussais a préféré être en opposition avec la raison et l'expérience, que d'avouer que l'usage normal de la faculté du merveilleux donnait à l'homme l'idée de l'infini.

En effet, l'idée de l'infini n'existe que dans l'esprit de l'homme qu'éclairent les lumières de la raison ou de la foi : et dès l'instant qu'elle est exploitée par une intelligence irrationnelle, elle produit des systèmes bizarres et merveilleux; si elle est exploitée par une intelligence sensualiste, elle imagine des merveilles de sensualité dans toute la nature, comme l'a très bien remarqué M. Broussais; mais encore une fois, il fallait déclarer pour quel usage moral la nature avait doué l'homme de cet organe, et non pas se contenter de dire que cet organe *avait produit les contes des Mille et une Nuits, la Vie des Saints, ainsi que tous les romans qui paraissent de nos jours.*

D'où il est évident que M. Broussais avait plutôt en vue de faire part à la jeunesse de ses rêveries matérialistes, que de faire un cours de phrénologie; dans le cas contraire, ne s'intéressant qu'à la science, il lui aurait sacrifié ses préjugés au lieu de sacrifier la science à ses préjugés, comme il l'a fait.

Enfin, comme il devient ennuyeux de presser un système dont on ne peut rien tirer, nous nous arrêterons là : ce que nous avons dit suffit pour donner une idée de la manière dont ce cours de phrénologie a été fait.

Avant de finir, nous ferons cette observation, non à M. Broussais, parce que nous connaissons la force des préjugés invétérés dans un pareil esprit, mais à ceux qui s'occupent de phrénologie.

C'est de ne jamais oublier de tenir compte de la puissance de la liberté humaine, même dans les déterminations que suggèrent les passions. La phrénologie peut parfaitement rendre compte de l'état des organes; mais si elle voulait porter un jugement positif sur le caractère de l'individu d'après cette exploration, il se pourrait rencontrer, par exemple, qu'un homme doué d'un cerveau assez médiocre eût une volonté de fer, cet homme ayant continuellement exercé ses organes intellectuels et fait taire ses passions, et *vice versa*.

En effet, quand il y a deux facteurs dans un produit, celui qui ne voudra tenir compte que de l'un des deux sera porté à l'erreur. Si donc, il y a dans l'homme deux facteurs qui concourent à produire pour résultantes, l'action, la force de l'organisme et la liberté qui en dispose avec plus ou moins de facilité, tout phrénologiste qui ne voudra porter son jugement que d'après l'examen du cerveau, sans connaître le degré d'empire qu'y exerce la liberté, se trompera nécessairement. C'est parce qu'on a oublié de tenir compte de la liberté humaine et même de la force de la vitalité, que beaucoup de personnes ont nié la phrénologie, parce que l'application qu'elles voulaient faire de l'examen du cerveau ne se trouvait pas d'accord avec ce qu'elles savaient des personnes connues sur lesquelles les expériences emportent preuve.

Le jugement phrénologique pur et simple ne peut donc porter, 1° que sur les enfants chez qui la liberté morale n'est pas encore développée ; 2° sur les aliénés, parce qu'il y a absence de liberté; 3° sur les hommes faibles, sans volonté, et complètement esclaves de leurs penchants ; mais chez tout homme vraiment digne de ce nom, que la phrénologie appréhende toujours de porter un jugement fondé sur les seuls organes; l'œil du corps ne peut ni ne doit palper des mystères de vertus ou de pureté qui ne sont connus que de l'ame et de Dieu; souvent la vertu est une plante qui ne reçoit ni l'air ni la lumière de ce monde-ci, et son calice est ouvert vers un autre soleil.

Nous avons entendu dire que M. de Lamennais, ayant appris comment on avait tâché de salir les plus belles idées du Christianisme, préparait une réponse qui couvrît cette voix triviale d'impiété ; mais si ces lignes tombent sous ses yeux, nous pouvons lui certifier qu'ayant suivi le cours de M. Broussais, de simples injures, aussi grossières que possible, il est vrai, mais sans preuves et sans portée, ne méritent pas d'attirer dans l'arène l'auteur de l'*Indifférence* ; car nous ne pensons pas qu'on ait jamais rien fait de plus innocent contre la morale et la religion ; mais on retrouvait bien dans l'intention quelque chose de la haine de Voltaire, combattant l'*infame*, sauf l'esprit et les saillies qu'on ne remplace pas en criant fort ?

Cependant nous ne finirons pas sans parler d'un sentiment douloureux, et comme d'une sorte d'effroi, que nous avons éprouvés, à voir un homme en cheveux blancs, fouetter ce qui lui reste de colère, contre les vérités sublimes qui soutiennent l'espérance de l'homme que l'âge poursuit, et qui semblent lui dire : « Ne crains rien, si la matière

réclame ton corps, ton ame est conviée ailleurs!»
Y a-t-il rien de plus déchirant que d'entendre un
vieillard blasphémer ?